CONFÉRENCE

SUR L'ACCLIMATATION

DES VERS A SOIE JAPONAIS

DU MURIER

DE LA RACE ANNUELLE A COCONS BLANCS

DONNÉE AU PALAIS DE L'INDUSTRIE A PARIS

le 10 septembre 1865

Par Jules RIEU, sériciculteur

de Valréas (Vaucluse)

PARIS

IMPRIMERIE JOUAUST

RUE SAINT-HONORÉ, 338

1865

CONFÉRENCE

SUR L'ACCLIMATATION DES VERS A SOIE JAPONAIS

DU MURIER

CONFÉRENCE

SUR L'ACCLIMATATION

DES VERS A SOIE JAPONAIS

DU MURIER

DE LA RACE ANNUELLE A COCONS BLANCS

DONNÉE AU PALAIS DE L'INDUSTRIE A PARIS

le 10 septembre 1865

Par Jules RIEU, sériciculteur

de Valréas (Vaucluse)

PARIS

IMPRIMERIE JOUAUST

RUE SAINT-HONORÉ, 338

1865

CONFÉRENCE

SUR L'ACCLIMATATION DES VERS A SOIE JAPONAIS

DU MURIER

MESSIEURS ET MESDAMES,

Étranger aux études scientifiques et à la culture des lettres, simple et modeste industriel, je me sens ému devant vous en venant vous exposer le fruit de mes expériences et de mes travaux, et j'éprouve le besoin de réclamer toute votre indulgence.

Avant d'entrer en matière et de traiter le sujet qui vous a été annoncé, de l'acclimatation des vers à soie japonais du mûrier, je me permettrai de jeter un regard rétrospectif sur ce qu'était la sériciculture en général avant cette époque. De cette manière nous arriverons à ce moment de régénérescence qui a déjà un si grand retentissement et qui comptera, je l'espère, dans les annales séricicoles.

Je fais remonter à l'année 1844 l'invasion du fléau qui a été pour nos départements séricicoles la source de tant de désastres, parce que nos éducateurs commencèrent à cette époque à rechercher des semences plus sûres que celles qu'ils tiraient auparavant de leurs propres récoltes.

La plaine fut envahie la première, puis successivement les régions de plus en plus élevées, jusqu'aux montagnes.

Pour le commun des éducateurs, comme pour moi, trop jeune alors pour l'étudier à fond, la maladie avait pour caractère unique une réduction notable du chiffre ordinaire de la récolte, malgré un redoublement de soins, tant pour l'assainissement de l'air des magnaneries que pour l'alimentation des vers.

Le commerce de Lyon s'alarma de cette diminution dans les produits qu'il était habitué à recevoir. Informé par ses correspondants (1) que l'Italie, plus heureuse que la France, continuait à jouir de sa prospérité séricicole, il s'y procura quelques onces de graines. Cette semence, confiée à des sériciculteurs intelligents, donna des résultats qu'on n'avait *jamais* obtenus avec nos races indigènes.

Je tentai la reproduction de cette race et ne tardai pas à m'apercevoir que le rendement en cocons que j'en obtenais était de beaucoup inférieur à celui des graines tirées directement d'Italie.

Dès lors, cette contrée eut la bonne fortune de nous fournir des graines, en quantité croissante d'année en année. Cette bonne fortune devait être de trop courte durée.

Dès l'année 1856, la dégénérescence des races italiennes se manifeste par une sorte d'atrophie : un certain nombre de vers ne peuvent prendre leur développement normal, et à chaque mue on s'aperçoit que la litière sert de tombeau à de nombreuses victimes.

L'année suivante (1857), le mal a fait de si rapides progrès, que des sériciculteurs, dévoués par reconnaissance au culte

______

(1) Daniel et Auguste Beau.

de ces races naguère si précieuses, n'obtiennent plus à la montée un seul ver pour donner une idée de la forme du cocon.

Telle est la maladie qui figurera dans les fastes séricicoles sous le nom de *gattine*.

Forcés de renoncer à l'Italie, nos graineurs vont demander des graines saines à la Turquie d'Europe. Celles de Roumélie, de Thessalie et de Bulgarie commencèrent à nous donner pour produit des cocons blancs et des cocons roux qui, quoique bien inférieurs pour la qualité à la race italienne et même à notre ancienne race indigène, soutinrent pendant trois ou quatre ans notre sériciculture.

Mais le fléau ne devait pas les épargner, et une maladie qui commença par les décimer ne tarda pas à les anéantir tout à fait.

Cette maladie était la *pébrine* de M. de Quatrefages, trop exactement décrite par le savant académicien pour que je me permette de la décrire après lui. Je me contenterai d'ajouter que le ver pébriné (taché) périssait prématurément ou sans pouvoir dévider sa soie.

De la Turquie d'Europe à celle d'Asie et à la Valachie le passage était facile. Nos graineurs rapportèrent de l'Anatolie des races recommandables par le mérite de leurs produits, mais qui ne devaient pas résister longtemps à l'action du fléau.

La race milanaise, trouvée en Valachie, où elle avait été introduite depuis une vingtaine d'années, jouit pendant plusieurs campagnes successives d'une faveur croissante et méritée que partagèrent dans une certaine mesure les races portugaises.

La chute de la race de Bukarest est trop récente et a eu un retentissement trop sinistre pour que vous l'ayez oublié.

Quant aux races portugaises, qui jouissent encore de quelque faveur, je ne veux pas me poser à leur égard en prophète de malheur.

J'userai de la même réserve à l'égard de diverses races indigènes ou locales, trop peu connues encore ou trop peu éprouvées pour faire l'objet d'une appréciation rationnelle.

Quant à la maladie à laquelle ont succombé les dernières
races levantines, notamment celle de Bukarest, la plus précieuse de toutes, elle a présenté un caractère qui se distinguait
des précédentes aux yeux du plus simple observateur.

Le ver accomplissait avec une régularité parfaite, avec
toutes les apparences de la santé, les premières phases de sa
carrière.

Puis, à la sortie de la quatrième mue, on était tout surpris
de le trouver couvert d'une sueur qui mouillait et infectait la
litière.

Le nom de *suette*, qui n'est pas nouveau, me parut tout naturellement applicable à cette maladie.

Depuis l'invasion du fléau qui, sous ses formes diverses,
avait pour caractère essentiel l'amoindrissement ou la destruction de la faculté reproductive, je n'ai pas manqué une seule
année de reproduire les races étrangères de quelque mérite ;
toutes mes tentatives ont été infructueuses.

Des milliers d'éducateurs ont chaque année fait des essais
de même genre, et j'ai pu constater qu'ils n'ont pas été plus
heureux que moi.

Je ne crois pas devoir ajouter à mon nécrologe les noms
d'autres races moins remarquables, les unes par le peu de mérite de leurs produits, les autres par leur peu d'importance
dans l'approvisionnement général.

La Chine, patrie primitive du ver à soie, s'offrait naturellement à l'esprit comme la source la plus certaine du salut de la
sériciculture occidentale aux abois.

Cet espoir ne devait pas tarder d'être cruellement déçu.

Dès l'année 1854 je pus essayer une éducation des graines
du Céleste Empire, et, malgré les soins les plus assidus,

j'éprouvai la plus cruelle déception : je ne pus constater qu'un résultat négatif.

Cependant ma foi était trop robuste et d'ailleurs trop conforme à l'opinion dominante pour qu'elle pût être ébranlée par un premier échec.

La cause, en outre, était trop grave pour être jugée sur une première et nécessairement incomplète information.

En 1857, je pus renouveler mon épreuve sur un échantillon provenant d'une maison anglaise (1).

La graine était parfaitement conservée, et malgré cela l'insuccès fut aussi complet que le premier. Je dus donc penser que si la Chine possède des races de vers à soie auxquelles notre climat peut convenir, il n'est guère plus facile de mettre la main dessus que de choisir, avant le tirage, le numéro gagnant d'une loterie.

Les tentatives d'introduction de graines chinoises faites depuis lors à diverses reprises n'ont pas modifié mon opinion.

A moins de voir, avec certains bacologues qui n'avaient peut-être pas apprécié toute la portée de leur thèse, le principe de la maladie dans l'arbre nourricier, on ne peut que déplorer le parti désespéré pris par un trop grand nombre de cultivateurs de traiter leurs mûriers comme l'arbre stérile de l'Évangile, sans considérer qu'ils ne cessaient pas de fournir le produit qu'on leur demandait.

Au surplus, le cultivateur n'était pas seul atteint dans ses intérêts : faute de matière première, le filateur fermait ses ateliers ou réduisait son travail, au grave détriment d'un grand nombre de familles privées ainsi du salaire qui les faisait vivre.

Que l'on additionne et combine des pertes qui se comptent par millions, tant en achat de matières premières qu'en main-d'œuvre et valeur d'établissements, et l'on pourra se faire une

---

(1) Procuré par Jules Speyr, d'Avignon.

idée de la détresse des départements séricicoles et des grands centres de fabrication à la suite de tant d'années désastreuses.

Mais, messieurs, la Providence, qui veille sur nous, n'a pas voulu qu'une de nos plus grandes sources de fortune fût à jamais perdue pour nous, et lorsque nous ne trouvions plus en Europe une seule graine saine, que la Chine même nous fait défaut et n'a fait qu'ajouter à nos déceptions, un rayon d'espérance brillait du côté du Japon.

Au printemps de 1863, je fus assez heureux pour obtenir d'un très-honorable sériciculteur italien 23 grammes de graine japonaise, race annuelle, provenant d'un faible échantillon qui lui avait été adressé de Paris, pour le printemps 1861, par un de ses amis qui assurait le tenir du très-regretté M. le duc de Morny.

C'est donc à la *France*, qu'il me soit permis de le constater en passant, qu'appartient l'honneur d'avoir introduit en Europe une race japonaise qui, ne le cédant en rien à aucune de celles de même origine qui ont été introduites depuis, est bien supérieure en mérite au plus grand nombre et offre déjà les plus sérieuses garanties d'une définitive acclimatation.

Les 23 grammes de graine, qui marquent, à mon avis, le premier pas de notre sériciculture dans la voie de la régénération par les races japonaises, produisirent 39 kilog. et 700 grammes de cocons, desquels je retirai 120 onces de graine pour le printemps 1864.

Les éducateurs, au nombre de plus de cent, furent tellement satisfaits des résultats obtenus, que bien peu résistèrent à la tentation d'enfreindre partiellement l'article du contrat par lequel je me réservais la récolte entière à un prix convenu et accepté.

Malgré ces infidélités, dont je me réjouissais tout en ayant l'air de m'en plaindre, je retirai une assez forte quantité de cocons pour pouvoir produire dans mes ateliers de grainage, environ 6,000 onces de cette précieuse semence.

Après un succès si encourageant, j'adressai à M. le ministre de l'agriculture, du commerce et des travaux publics, ainsi qu'à MM. les préfets de nos départements séricicoles, une bruyère chargée de cocons. M. le ministre m'honora d'une réponse, m'avisant qu'il avait confié mon envoi à la Société impériale et centrale d'agriculture.

Je reçus également de MM. les préfets des lettres conçues dans les termes les plus encourageants pour continuer mes travaux d'acclimatation.

Parmi ces lettres, je vous demanderai la permission, messieurs, de vous donner lecture de celles de MM. les préfets de l'Isère et de l'Ardèche.

Voici celle de M. le préfet de l'Isère, sous la date du 23 février 1865 :

Grenoble, 23 février 1865.

Monsieur,

Je viens de recevoir et je m'empresse de vous adresser la copie de la lettre par laquelle M. Buisson, filateur à la Tronche, près de Grenoble, rend compte des résultats qu'il a obtenus avec l'échantillon de cocons blancs, de la race japonaise annuelle, dont vous m'aviez fait l'envoi pour les livrer à l'expérience.

M. Buisson est un filateur habile et consciencieux, et de plus un sériciculteur distingué. Si vous pensiez, monsieur, que la publication de son rapport pût vous être de quelque utilité, comme il consacre la bonne nature de vos cocons, je pourrai, sur votre demande, le faire insérer dans les journaux de la localité.

Recevez, monsieur, l'assurance de ma considération distinguée.

Le Préfet de l'Isère,

Signé : VINCENT.

M. le préfet de l'Ardèche, qui eut aussi l'heureuse pensée de soumettre l'échantillon de cocons que je lui avais adressé à l'appréciation d'un filateur de son département, s'exprime ainsi :

Privas, 29 novembre 1864.

Monsieur,

J'ai remis à l'un des principaux filateurs de l'Ardèche, pour en faire l'essai et en apprécier la qualité, l'échantillon de cocons blancs provenant de la race japonaise annuelle, acclimatée par vos soins, que vous avez bien voulu m'adresser avec votre lettre du 15 septembre dernier (1864).

J'ai l'honneur de vous faire connaître les résultats obtenus par cet essai : les 38 *grammes net* de cocons que j'ai fait filer ont produit 10 grammes 1/2 de soie. Soit 1 kil. de soie pour 3 kil. 620 grammes de cocons.

Cette soie a une très-jolie couleur, et le rendement n'en est pas moins satisfaisant, puisque, d'après la déclaration des filateurs compétents, c'est le rendement ordinaire, en 1864, des meilleurs cocons, alors qu'il est reconnu que les cocons de provenance japonaise rendent généralement beaucoup moins que les autres. En présence de ce résultat, que je suis heureux de vous communiquer, je ne puis que vous engager à poursuivre avec persévérance vos essais d'acclimatations et à propager vos graines dans nos contrées séricicoles.

Agréez, monsieur, l'assurance de ma considération très-distinguée.

Le *Préfet de l'Ardèche*,

Signé : DEMANCHE.

P. S. J'ai confié la soie filée au secrétariat de la Société d'agriculture, pour être mise à la disposition des éducateurs qui voudraient l'apprécier.

Comme vous le voyez, messieurs, ces lettres confirment la

bonne opinion que je m'étais faite de cette race précieuse, et lui assignent la place qu'elle doit occuper.

Le Japon nous a fourni différentes races qui ne sont pas toutes d'un égal mérite. Les appréciations des filateurs sur le rendement de certains cocons japonais étaient donc fondées ; les récoltes de 1864 et 1865 sont venues les justifier dans une certaine mesure.

Effectivement, le Japon fournit plusieurs races qu'il est important de distinguer : les unes sont annuelles, les autres polivoltines.

L'éducation des races polivoltines offre des difficultés devant lesquelles reculeront toujours nos cultivateurs.

1° Ces races exigent une série d'éducations successives incompatibles avec les conditions générales de notre agriculture.

2° Le peu de valeur de leur produit n'est compensé par aucune qualité. D'après M. Duseigneur, dont l'autorité en cette matière est assez généralement reconnue pour qu'il me soit permis de la citer seule, il n'entre pas moins de 18 à 20 kilog. de cocons pour un de soie, et celle qu'on en obtient est d'une nature duveteuse et manque de nerf. Ce fait ne pourrait-il pas être dû à l'absorption d'une plus forte portion du principe vital par la prédominance de la faculté reproductive ?

Les races annuelles ne sauraient donc être trop recherchées par les éducateurs ; à mon avis, c'est la plus précieuse dont le Japon nous ait fait présent ou dont nous ayons fait sur lui la conquête. Les soies qui en proviennent sont d'une qualité tout à fait supérieure ; aussi la fabrique française les recherche-t-elle à des prix excessivement rénumérateurs. La dernière offre qui m'a été faite d'un ballot de 70 kilog. environ, que j'ai à la vente à Lyon, est de 130 fr. le kilog. Ce ballot est représenté par les échantillons que j'ai l'honneur d'exposer dans ce palais. Vous avez pu juger, messieurs, de la blancheur, de la netteté, de la finesse et de l'éclat de cette soie ; elle réunit, en un mot, toutes les qualités comme brillant et comme solidité que l'on puisse désirer.

Un point sur lequel je suis bien aise de fixer votre attention, c'est l'augmentation du volume des cocons que j'ai obtenue d'année en année, sans que pour cela cette race ait rien perdu de sa vitalité. Les échantillons que j'ai l'honneur de vous soumettre vous indiqueront la progression que je vous signale.

Et comme corollaire sur les qualités de cette race, je dois vous faire connaître un fait excessivement important : c'est qu'il m'est démontré par l'expérience que cette race de vers n'absorbe pour sa nourriture que les deux tiers de la nourriture ordinaire de nos anciennes races indigènes ; ainsi, celui qui a dans son champ pour 10,000 fr. de récolte de cocons, en aura pour 15,000 fr. en employant la graine japonaise dont je m'occupe.

Nous sommes donc en possession d'une race qu'aucune autre n'égale ; sa santé est à toute épreuve ; elle a résisté à toutes les influences épidémiques, puisque, je le répète, les 6,000 onces mises à la disposition des éducateurs à la dernière récolte ont produit plus de 100,000 kilog. de cocons, et en cela je crois être de beaucoup au-dessous de la vérité. Sa robusticité permet de l'élever comme nos anciennes races, ce qui est un immense avantage pour sa propagation dans nos campagnes : vous savez, messieurs, toutes les difficultés que l'on éprouve lorsqu'il s'agit d'introduire auprès des éducateurs de nouveaux procédés.

J'ai reçu environ 4,000 kilog. de cocons récoltés dans nos environs, que j'ai payés 8 fr. le kilog. La majeure partie a été mise en graine et destinée à la récolte de 1866 ; mais en admettant que tous les cocons provenant de cette race aient été achetés pour la filature, ils ont dû être payés le prix moyen de 7 fr. le kilog., qui donne un chiffre de 700,000 fr. qu'ont encaissé les éducateurs à cette dernière campagne.

Si l'on considère que c'est seulement en 1863 que j'ai élevé les premiers 23 grammes de graine, et qu'arrivé à 1865 ces mêmes 23 grammes n'ont pas produit moins de 100,000 kilog. de cocons, il est impossible de nier l'immense succès obtenu.

Aussi, messieurs, je ne crains pas de l'affirmer, la reproduction régulière de cette race pendant trois années consécutives nous assure, dans un avenir très-prochain, une ère nouvelle qui relèvera la prospérité et la fortune de nos départements du Midi, et qui continuera à soutenir une industrie qui est une des gloires de la France.

Ainsi que vous le voyez, messieurs, ces brillants résultats m'ont engagé à poursuivre mes travaux d'acclimatation sur une grande échelle; ils ont attiré l'attention de nombreux sériciculteurs, qui m'ont fait l'honneur de venir puiser des enseignements pratiques dans mes ateliers de grainage, tant pour la production de la graine que pour sa conservation.

Je crois donc pouvoir me féliciter d'avoir contribué, par mon initiative, à l'essor qu'a pris en France le grainage des races japonaises.

Pour encourager les éducateurs dans la voie où ils viennent de rentrer. j'ai livré à la publicité quelques-unes des lettres qui m'ont été adressées par plusieurs sériciculteurs.

J'espère que leur exemple, et le mien, sera suivi, et que désormais nous verrons nos départements séricicoles affranchis du lourd tribut qu'ils payent depuis si longtemps au grainage étranger, si incertain pour eux.

La régénération de notre sériciculture ne ramènera pas seulement la prospérité dans nos départements séricicoles, mais encore dans le commerce et dans l'industrie, où la soie, son travail et son emploi occupent une place si importante.

Qu'il me soit permis, messieurs, en terminant ce petit exposé, que j'aurais désiré rendre plus complet, de remercier l'auditoire de la bienveillance qu'il a bien voulu m'accorder, et de faire agréer à la Société d'agriculture mes sentiments de vive reconnaissance pour l'initiative qu'elle vient de prendre en appelant les divers sériciculteurs de France à prendre part au concours qu'elle a ouvert. De pareils exemples sont toujours utiles, ils excitent l'émulation, et, en se renouvelant fréquemment sous son égide, ils produiront certainement d'excellents résultats.

Grâces soient donc rendues aux hommes honorables qui, comprenant tout le bien qu'il y avait à faire sous ce rapport, se sont mis courageusement à l'œuvre.

Efforçons-nous de les seconder par nos travaux, et suivons-les dans la noble voie qu'ils nous ont tracée.

Jules RIEU.

1773 — Paris, imprimerie JOUAUST, rue Saint-Honoré, 338.